U0470118

[奥]阿尔弗雷德·阿德勒 原著 | 丁毅然 改编 | 龙小爹 绘

半小时读懂
自卑与超越

民主与建设出版社
·北京·

© 民主与建设出版社，2023

图书在版编目（CIP）数据

半小时读懂自卑与超越 /（奥）阿尔弗雷德·阿德勒原著；丁毅然改编；龙小爹绘. -- 北京：民主与建设出版社，2022.12

ISBN 978-7-5139-4047-4

Ⅰ.①半… Ⅱ.①阿… ②丁… ③龙… Ⅲ.①个性心理学—通俗读物 Ⅳ.①B848-49

中国版本图书馆CIP数据核字（2022）第228371号

半小时读懂自卑与超越

BANXIAOSHI DU DONG ZIBEI YU CHAOYUE

原　　著	［奥］阿尔弗雷德·阿德勒
改　　编	丁毅然
绘　　者	龙小爹
责任编辑	吴优优　金　弦
封面设计	海　凝
出版发行	民主与建设出版社有限责任公司
电　　话	（010）59417747　59419778
社　　址	北京市海淀区西三环中路10号望海楼E座7层
邮　　编	100142
印　　刷	三河市骏杰印刷有限公司
版　　次	2022年12月第1版
印　　次	2023年3月第1次印刷
开　　本	880毫米×1230毫米　1/32
印　　张	4.75
字　　数	118千字
书　　号	ISBN 978-7-5139-4047-4
定　　价	49.80元

注：如有印、装质量问题，请与出版社联系。

前言

最初，收到书稿邀约的时候，内心是开心又忐忑的。开心是因为有机会可以重新改编这本心理学著作，忐忑是不知自己能否把这本影响心理学界深远的著作重新讲述清楚且通俗易懂。或许是"初生牛犊不怕虎"，又或许是借着作者"超越自卑"的勇气，我开启了这场与大师相遇的写作之旅。

人到底要以一种什么样的姿态活着，是个人欲望推动自身发展，还是心怀天下，让自己的生命历程与周围环境协调一致，共同发展？对我们每个人来说，这都是一个难以抉择的选择题。如果你也好奇这个问题的答案，那么《自卑与超越》原著作者对这个问题的思考或许可以给到你一些启发。他用自己学识与临床经验的积累，给出了一份超出他那个时代的见解，即使在思想文化百花齐放的今天，也依然有非常多独到的思想，值得大家学习。

虽然是改编，但我还是希望尊重原作者的意图，尽可能真实地还原他的思想。作者的某些表达可能确实有时代背景的局限，但是我依然希望大家在阅览本书的过程中，认真去体会原作者是如何在当时那种社会背景下进行这些思考的，同时也能感受到在历史的长河中很多心理学的理论和知识并不是凭空出现的，而是一代又一代的大师们在不断"试错"的过程中进步发展起来的。

有些知识可能在最新的心理学理论中早有变化，对此，除了与现代心理学有明显出入的观点，我都予以保留。因为一方面我希望作者的很多声音不被淹没，另一方面希望大家可以带着"批判性思维"的眼光尽情学习和思考。这样的过程，也是很多心理学家的思考过程。这样的体验式阅读，也不失为一次很好的阅读经历。希望大家可以尽情享受这份心理学的大餐，也希望大家在这种体验式的学习中进步。

同时，本人在心理学知识领域与写作领域都只是初窥门路的初学者，在本书的知识表达与写作中或许不一定能完整地把原作者高深的思想尽情表达出来。希望大家多多包涵，多多指正。最后，期望我们一起在心理学的领域中发现自我，寻找生命的真谛，成就如其所示的人生！

丁毅然

2022.7.30 书房

目录

第一章　生活的意义 …………………… 001

第二章　心灵与身体 …………………… 019

第三章　自卑感与优越感 ……………… 033

第四章　早期的记忆 …………………… 047

第五章　梦 ……………………………… 059

第六章　家庭的影响 …………………… 071

第七章　学校的影响 …………………… 085

第八章　青春期 ………………………… 093

第九章　犯罪与预防 …………………… 103

第十章　职业 …………………………… 115

第十一章　人与同伴 …………………… 123

第十二章　爱情与婚姻 ………………… 133

第 一 章

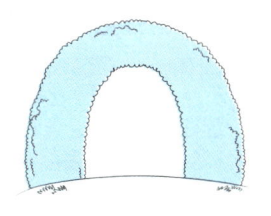

生活的意义

寻找生活的意义

你是否想过生活的意义是什么？生命的意义是什么？人生的意义是什么？当你的……

客观地说，人只有在遇到挫折时才会产生诸如此类的问题。我们并不是单纯地体验环境，而是以它们对人类的意义去评判，甚至最初经验的产生亦是如此。生活的意义，或者说事物的意义是如何产生的呢？

人从生下来就不可避免地与周围环境相连接，也必然受到环境的影响，形成我们的人生意义。我们体验世界，必先赋予其意义，而不仅体验现实本身。因此我们人生的意义是被建构出来的。

以后就叫苹果吧！

苹果，最初是没有任何称呼的，我们为了更好地交流便赋予了它名称。很多事物，实际上是为了让我们更好地融入社会或者促进社会的进步，才让我们学习和形成这些概念的。这些概念是外界附加在我们身上的，我们无须评判好坏，需要做的是在了解外界赋予的和自己内心的声音之后，寻找自己的生命之旅，探寻一生想要追寻的人生意义。

> **超越小练习**
>
> 你是否还记得你最本真的样子？找一张纸写十个"我是谁"，看看哪些是别人眼中的你，哪些是你内心的本真自己。

外部环境对生活意义的影响

每个人的人生都要面对三大纽带，这三个纽带构成了现实的内容，人生所面临的问题都是通向这些纽带的死胡同。从人们对这些问题的机械回答中，我们可以看出每个人对人生意义不同的解读。

纽带一
地球所带来的局限

想要去浪漫的土星和火星……

就目前来说，你们人类只能在地球上生存，就乖乖待在地球吧！

好恐怖啊，好害怕和大家分开。

纽带二
人类本身的局限，每个人都与他人相互关联

我不是杰克！我是你的牛郎！

杰克！

纽带三
人类有男有女，谁都无法绕开爱和婚姻这个问题

人们总想完全自由、脱离一切束缚，但是存在主义哲学家告诉我们，自由意味着责任，它们是不能分割的。这样想来，你觉得你个人选择的人生意义可以脱离环境的影响吗？

当你出生的那一刻，你其实就已经开始思考人生的意义，并且开始形成对这个世界的认识与态度，但是这些视角都是受到这个世界当中的限制产生的。

是买西瓜还是搭车呢？

公交车站
89路
211路
11路

西瓜
2.5元/斤

每个人都有充足的自由选择权，但是自由选择也意味着要承担每种选择的后果。选择买西瓜，就要承担走路回家的后果；选择搭车，就要承担吃不了西瓜的后果。绝对的自由，不过是一种幻想，只有当我们承认责任和受限的时候，才是我们正在获取自由的时候。

超越小练习

思考一下周末的时间你都在做什么？真正属于你自己的时间在干什么？你是否可以分开你的需要和外界的需要？

生活挑战对生活意义的影响

除了外界环境的客观因素，三大纽带又构成了人类生活中所有的问题和挑战，个体心理学发现，人类的所有问题都可归于三类：职业、交际和两性问题。

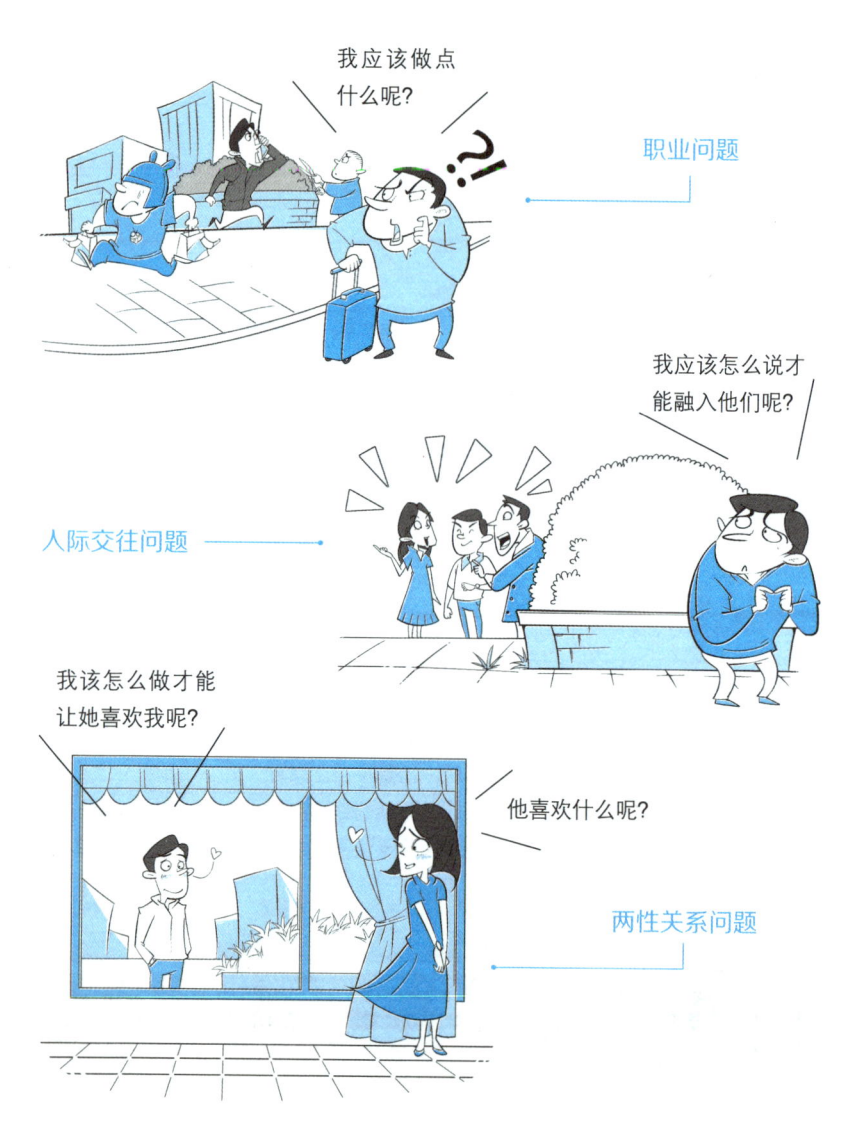

这些问题和挑战,又对我们生活中的意义有什么影响呢?

生活当中的很多挑战也会影响我们形成自己的人生意义。人们对这三个问题的不同回应精确地揭示了每个人对生活意义不同的理解。

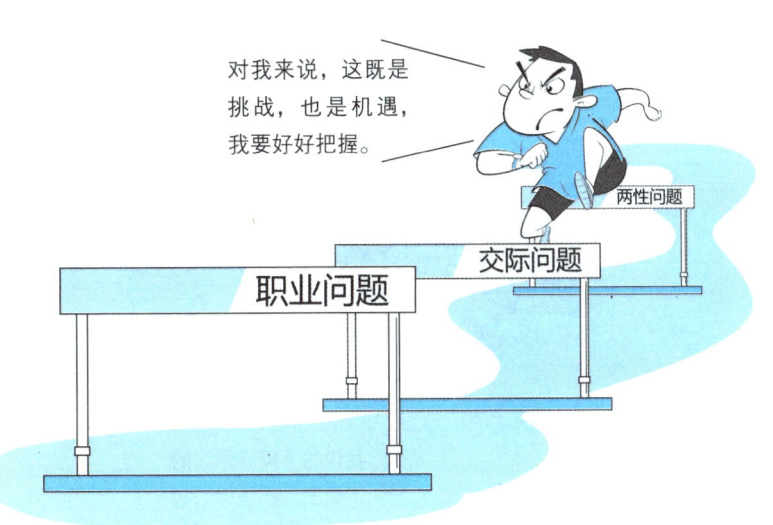

对我来说,这既是挑战,也是机遇,我要好好把握。

两性问题

交际问题

职业问题

人类降临在这个世界上就会遇到非常多的挑战,但这并不可怕,重要的是如何面对挑战。如果我们可以慢慢地尝试面对这些挑战,或许就可以化挑战为机遇,并完善自己的人格,提高更好地适应环境的能力。

超越小练习 试着将自己在生活中遇到的问题写下来,然后分别对应到"职业、人际交往、两性关系中",来更好地认识自己所遇到的问题。

个人的生活意义与集体的生活意义

环境和个人挑战都影响了我们对生活的意义,既然无法逃离环境,那么如何进行融合,成为我们每个人逃离不了的议题。

每个人的内心都有一把尺子,而这把尺子如何与周围世界相协调,这确实是一个难题。你是否能让自己心中的尺子与环境的尺子协调一致呢?

人类既然无法脱离"环境",尺度标准则不应以某一个人的视角来制定,而是应该以大家共同的视角来制定。

我开店不仅仅是为了挣钱,也是为社会作贡献,为需要的人遮风挡雨。

出售雨伞

是以自我为主,还是以客观世界为主,是哲学家们一直争论的话题。我们的主观无法与周围的认识形成共识,一直陷入自己的主观感觉中而忽视周围的声音,就很难在这个世界上与周围环境当中的人与事物相适应。个体心理学认为,个人的主观要与世界相结合,这样才能更好地生存下来。人类社会所诞生的人生意义,将要与人类历史中所产生的宝贵经验相结合,这样的人生意义才更有活力。

奉献是人类优质的共同意义

如果我们说人生的意义在于贡献、关爱和合作,也许有人会对此产生疑问。如果一个人总是以他人利益为重,为他人作贡献,那么我们自己的事又该如何去做?难道不应该为了自己的发展而优先考虑自己的利益吗?我们不应该先学会保护好自己或者增强自己的个性吗?

有时候,我们很希望为这个世界做一点什么,但是这个举动到底是自以为是满足自己的需要,还是真的为世界考虑呢?

个体心理学发现，留在世界上的遗产，无不是对这个世界的贡献、为全人类所珍惜的福祉。当我们人生的意义是以为世界福祉而努力的时候，我们将创造出非常珍贵的事物，也将诞生真正精神上的丰腴。虽然，有的时候我们表面看上去是为世界考虑，但是更多的是满足自己的私欲，这样的奉献仅仅是以奉献的名义去满足自己的私欲，不是真正的"奉献"。只有一个人明白了人生的意义在于奉献，才会勇敢地去面对困难，才会有更大的机会取得成功。

> 为了大家，这点小奉献是应该的。

在生活中，当我们以"奉献"为我们的人生意义的时候，会发现我们做很多事情都会更有动力，而不是机械性地重复事情本身，会赋予行动更多的激情和热情，进而减少相对应的心理问题产生。

超越小练习　试着针对生活中的一件事情，找到其"奉献"的意义，观察一下，继续去做的时候会不会有不一样的感觉？

个人意义的起源

我们讨论了很多外部环境对个人生活意义的影响,那么我们个人的生活意义又是什么时候产生的呢?

个人意义起源于婴幼儿时期

我还是个宝宝,要思考这么深刻的问题吗?

刚刚出生的孩子是如何形成自己的人生意义的呢?

从婴儿时期,我们就开始关注这个世界与自己,我们会形成初始对这个世界的期待以及对自己的期待。

环境对儿童意义的影响

不好的环境 — **美好的环境**

环境对婴幼儿的成长非常重要。儿童还不知道何为社会经验，所以需要有人对他们加以解释，这样就逐渐赋予了他们生活的意义。中国有句古话叫：三岁看小，七岁看老。我们在孩子幼儿成长时期就要培养其具有"奉献""合作"精神，这样他将来的人生对这个世界才会充满向上的意义感。

> **超越小练习**
>
> 请你思考一下，在你的童年时期，你的家庭是否有鼓励你与外界积极合作，写下这些鼓励对你的影响。

三大造成错误人生意义的原因

既然个人的意义起源于婴幼儿时期，除了环境，还有哪些原因会造成儿童产生错误的人生意义呢？

身体的缺陷让我好难对这个世界产生好感啊！

先天的缺陷

只要你高兴，什么都可以！

妈妈，明年的购买计划可以是去火星！

被过度宠溺

呜……我一点也不重要！

被忽视、冷落

恶劣的环境会摧毁孩子对这个世界的期待，你还觉得在这样的环境下长大的小孩未来会产生"奉献"的人生意义吗？

从以上我们得知，身体残缺、被溺爱和被忽视的孩子是很容易被误导的，他们常常会形成错误的人生观。

孩子别怕，妈妈和爸爸会一直爱你的！

我要毁灭世界！

在成长过程中，孩子会形成对世界的认识，家长需要做的不仅仅是生理上照看好孩子，更重要的是真正关心孩子。给予了他们关爱，他们就会在他们所做的每件事中看出他们对人生意义的理解。

超越小练习

回忆一下，小时候，爸爸妈妈给你的爱，回忆完后，体会一下你此时此刻的心情和感受。

培养合作是与世界相连的最佳途径

不完善的环境会使我们未来的人生产生错误的人生意义,甚至走上错误的道路……

我不想继续了,我该怎么办?

我们该做些什么,帮助我们构建具有奉献精神,与世界协调发展的人生意义呢?

当我们真正了解了人生的意义,就找到了人性格的钥匙。有人说性格是无法改变的,这是因为他们还没有找到改变性格的金钥匙。正如我们所见,如果找不到错误的根源,任何治疗方法都不会有效,而唯一可能的有效方法就是培养他们的勇气和乐于合作的精神。

合作是融合的桥梁

学会与人合作。在日常生活或游戏中，学会自己处理与同伴的关系是极其重要的。阻碍任何一种合作方式，都会产生不良的后果。随着年龄的增长，缺乏合作精神所导致的不良后果会越来越明显。要想解决人生中的各种问题，就必须要有合作精神。

超越小练习

尝试做一些与他人合作的事情。比如，试着和你的家人、朋友共同去做一些菜品，体验一下合作完成一件事情的感觉，看看有什么不一样的发现。

第二章

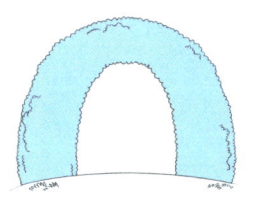

心灵与身体

身体与精神的交互影响

生活中你是否有过"心有余而力不足",或者"明明有精力,就是不想做"的情况?

身心交互影响

去啊!战啊!你可以办到的!

精神

我实在没力气了!

身体

对于是精神支配身体还是身体支配精神的问题,人们一直各执己见,你觉得生活中哪个更重要一点呢?

个体心理学更倾向于把精神与身体当成整体来看,关注身体和精神的相互作用。从精神和身体两方面双管齐下,这样才能更好地理解人的行为。

今晚一定要把书看完!

你想看书,扎我干吗!

我们的行为会受到思想的指导,如我们的精神想要把书读完,但是身体很疲劳没办法去达成愿望,于是精神指导身体"锥刺股"。由于行为需要借助身体的刺激来实现精神的期望,因此身体和心理是互相影响、互相制约的。

超越小练习 当你看书看累了的时候,试着站起来对自己说加油,再看一个章节,会不会克服身体的疲惫感?

以合作的观点看待精神与身体的关系

精神和身体是人生中的两种表现形式，都是生命的一部分，是一个不可分割的整体，自始至终都在合作。

精神与身体合作共赢

没有我，你也哪都去不了！所以我们应该互相合作！

没有我发动机，你哪也去不了！

精神与身体它们各自有什么优势呢？

精神的核心能力是可以预测事物发展的方向，精神支配着身体——为活动设定目标。身体的核心能力则是运动完成者，但只有身体条件允许，精神才可以支配它。

你要保持乐观,保持良好心态,才会做得更好!

我是最棒的!

身体

精神

在日常生活中,我们需要经常肯定自己,给予自己信心,保持心情愉快,这样我们的身体才会受到良好的滋养,更好地帮助我们去实现我们的心愿。

超越小练习

当你身体或者精神感到疲惫时,试着让它们都放松一下,再思考问题或者完成动作时是不是更加敏捷?

精神协调身体的方式

在生活中，我们做的很多事情其实都是由精神控制的，那么精神主要通过哪些渠道、方式引导我们的身体呢？

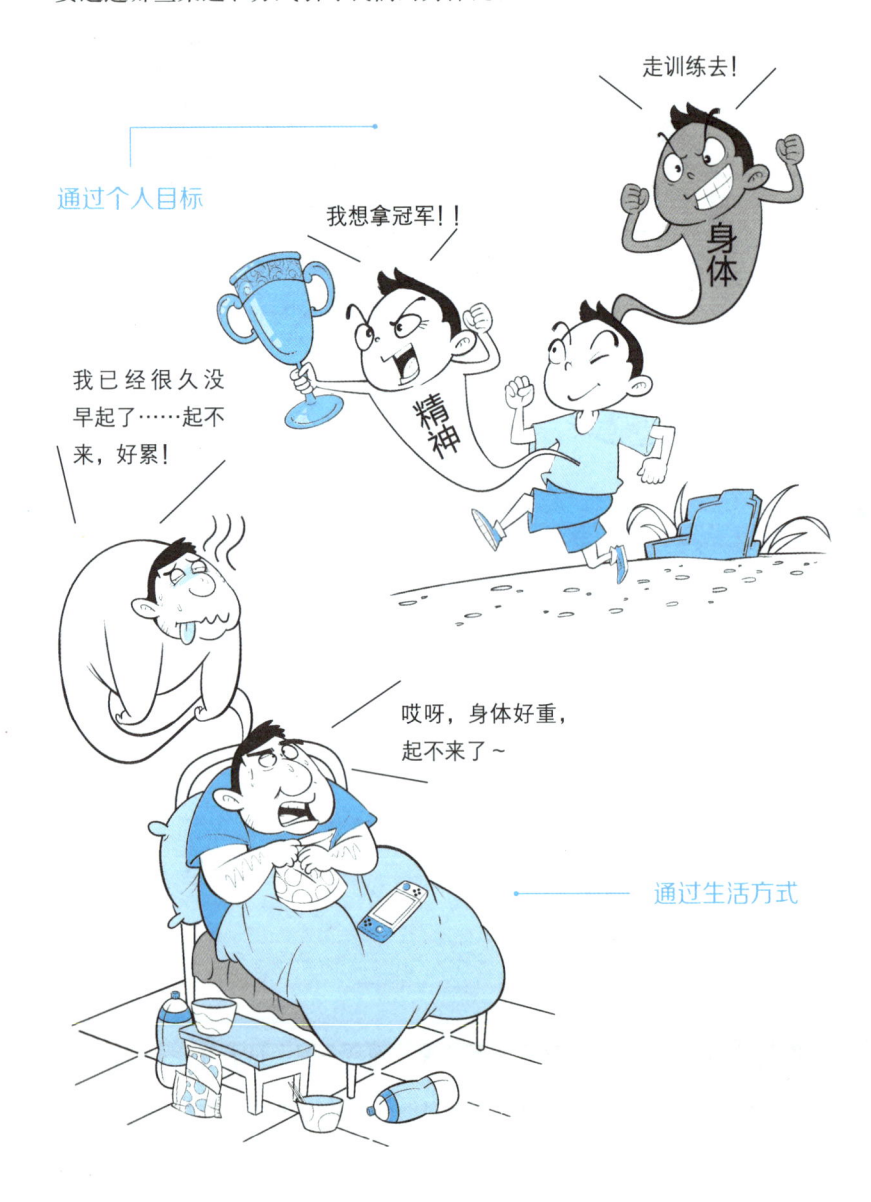

通过个人目标

走训练去！

我想拿冠军！！

身体

精神

我已经很久没早起了……起不来，好累！

哎呀，身体好重，起不来了~

通过生活方式

为什么精神管控身体是通过个人目标和生活方式呢?

精神管控身体,但不依赖身体,依靠的是个人目标和生活方式。个人目标是精神为实现某种目的所产生的念头。生活方式与我们人类产生的情感是高度重合的。精神设立一个目标后,我们的情感会跟这个目标产生相应的感觉,生活方式就会形成一致的状态,进而控制我们的身体,指导我们的行为。

我一点都不饿。

个体心理学的新观点是:情绪和生活方式高度一致,也和人生态度一样固定不变。左右一个人的不仅仅是生活方式,如果没有其他方面的协助,态度便不能导致行为,因为行动还需要情感的累积。一旦树立目标,情感便会千方百计地为之努力。

超越小练习

试着回想一下,你在不同情绪下做出的行为和决定,并写下结果。

感觉的作用是协助建立个人目标与激发情绪

每个人对周围环境的印象,都是通过感觉器官获得的。精神指挥身体需要很多途径来帮助它完成,而感觉系统则是它了解外界的重要途径和探寻方式。感觉让身体做出应变,并处理具体问题。

哎呀,快逃啊!

真香……

如果一个人没有了感觉会怎么样?

感觉可以帮助我们的大脑感知到苦乐,协助我们展开想象、进行创造,以及衡量外部环境的优劣,进而让身体做出应变,并处理具体问题。想象和分析是预测的方法,但作用不止于此,它们还能激发情绪,让身体做出反应从而帮助我们适应周围环境。因此没有感觉会让我们失去对周围事物好坏、危险情景的判断,也会失去体验美好事物的乐趣。

"生存下来"的原因

我一点都不累！

学习　工作　医疗　教育孩子　房贷

然而，人脑有一个喜好就是"趋利避害"，当我们感受到很多痛苦情绪时，人脑就会帮助我们"屏蔽"这种感受。就像上面这个例子，当人意志处于压力中，人脑的自我保护机制就会出来，让我们避免出现这种情绪，把注意力转移到其他方面，感觉系统也会因此减弱。

超越小练习

"正念疗法"是个可以帮助我们提升感知能力的方法，尝试练习其中的一个方法——"观呼吸法"：把注意力放在呼吸上，感受自己每一次呼吸的感觉，不用刻意调整呼吸，仅仅感觉呼吸就好。注意，这个方法不是让你放松的，是让你把注意力集中在某一点，如果练习的时候走神了，无须自责，只需要重新把注意力拉回到呼吸上即可，时间五到十五分钟。

精神的指引有正确也会有错误

感觉是帮助我们形成个人目标与生活方式的重要途径，但是感觉的形成是没有筛选的，所以，这导致我们精神的指导也会出现偏差。

我感觉我还能吃！好吃到根本停不下来啊！

抵挡不住的欲望

感觉的反馈不一定都符合我们的需要，那么我们如何去了解这部分的好坏呢？

当无法用正确的方法克服困难时，精神上的错误就会体现在行为上。因此，我们对于自己的精神领导，不能完全盲从，还需要用理性与反思进行觉察，这样才可以避免我们走向错误的道路。人的行为与其认知相辅相成，如果他改变了自己的想法，他的习惯行为就必须与新的认知模式保持一致。

加油，好久没吃这么美味的食物了，统统吃光!

不要再吃了!

精神

心灵不仅影响我们的行为选择，还支配着我们整个身体的结构。如果一个孩子是懦弱的，胆小的行为便会表现在他的整个发展过程中。他不关心体格上的发展，甚至不敢想象自己可能达到的成就。这样，他就不会用有效的方法来增强体质，而且对锻炼身体嗤之以鼻。于是，由于受到错误的精神指引，他就会与其他人差距越来越大，慢慢就会引发各种心理疾病与社会适应障碍。

超越小练习

回忆一下你和别人发生矛盾的事情，你内心真正渴望的是与他发生矛盾，还是有其他期待在里面?

观察生活方式是解决生活困境之道

在我们每个人的生活中，都有很多的困难与挑战……

解不开的生活乱麻

完全找不到问题源头在哪……

技能问题
工作问题
爱情问题
学习问题
社交问题

面对烦琐复杂的生活困境，我们应该怎么办呢？

解决问题的第一步是了解问题，观察生活方式则是解决心理问题的一个重要前提。我们必须在整个生活方式中，在感悟经验的过程中，在精神赋予生活的意义中，在精神指挥身体和接受环境的刺激而做出的反应中，找出其错误所在，这样我们才能洞察、了解事情发生的真正原因，并且寻找到更合适的方式去解决问题。这样，才能真正把乱麻变成线索，找寻到问题的核心所在。

> 这里是心理干预医院。请把你过去的生活事情告知我们,我们需要对你进行全面心理体检。

个体心理学认为,生活方式是心理学最好的研究题材、对象,全面了解来访者的生活方式,才能更好地帮助他解决生活问题。个体心理学发现,了解心理差异的最好方法,就是检验其合作能力的高低,这也是在上一章节我们主张培养孩子合作能力的原因。

超越小练习

如果你有经常重复某件事情的经历,比如迟到、失约,试着思考这些行为背后你的内心想法,这些想法是否有共同的地方?

第三章

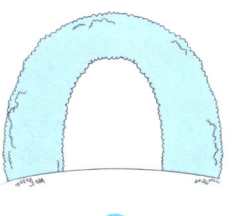

自卑感与优越感

个体心理学发现了自卑情结

在生活中,有一种状态对我们影响深远,那就是自卑……

要是我不这么自卑,获奖的人就是我了。

自卑情结是什么?又从何而来?

个体心理学发现,人的自卑感来源于对这个世界所不能掌控的各种局限,而产生的落差心理,是无法逃避的。当某个人没有准备好面对某个问题时,他坚信自己无法解决这个问题而出现的便是自卑情结。

人人皆有自卑情绪

好巧啊，你也有自卑情结！

你到底是从哪里来的呀，快走开！

自卑情结

自卑情结

个体心理学发现，所有人都具有"自卑情结"，只是外在表现、程度不一样而已。因此，自卑情结是我们所有人都需要正视的一个问题。

超越小练习

你有感觉到自卑吗？你是如何应对这种感觉的呢？

自卑情结的不同表现形式

自卑情结不是仅仅是害羞、内向的状态，它的表现方式成千上万，有时候它的表现形式会让我们完全意想不到……

为什么自卑会呈现这么多表现形式，而且自信有时候也会是自卑的表现？

个体心理学认为，每个人都是按照自己的方式表达自己的情绪，这与他的生活方式是一致的。面对自卑，有的人可能会退缩，有的人可能会很自信，有的人表现得富有攻击性，有的人是自恋，等等。这些面对自卑情结的表现方式都是希望改善自己的处境。

自卑有时会披着自信的外衣

哇,真羡慕他,一点都不自卑!

我可一点也不自卑~

个体心理学认为,愤怒、眼泪、道歉、回避、紧张或假装镇定都可能是自卑情结的表现。由于自卑感,人们会自动利用优越感来补偿自己,但是其目的不在于解决问题,从而导致过度自恋、自信。一个行为举止处处故意要凌驾他人之上的人,我们也怀疑他是为了隐藏自己的自卑感,需要装腔作势一番。

超越小练习

试着回忆一下你感到最自信的时刻,是发自内心的自信,还是另有原因?

不同应对自卑情结的方式会导致不同的后果

当你感到自卑的时候,你是如何处理的呢?

嘿嘿,你就任由我摆布吧!

自卑情结

我好自卑啊!完全不知道该怎么摆脱这家伙。

嘿嘿……

不是每个人类都自卑嘛,咋还这么猛!

自卑情结

我们该如何正确地应对自卑情结?

首先,我们应该直面自己的自卑状态,承认自卑是我们无法避免的状态,建立以合作为导向的价值观,突破自卑,形成"奉献"的人生意义。面对他人的自卑,个体心理学认为,我们不要直接揭开别人的自卑情结,要在恰当的时候给予支持和鼓励,陪伴他们度过难过的时期,这样他们才能更有力量超越自卑,成长得更好。

逃避往往会让一切变得更糟

我才不自卑,一点都没有……

自卑情结

人类在面对现实的各种局限时,会产生超越环境的力量。因此,如果我们直面自卑,它则会产生一种力量使我们前进,我们也可以利用这股力量成就自己的人生。然而,如果我们掩耳盗铃,假装自卑情结不存在,只会让它影响我们更深远。

超越小练习 在生活中遇到一些困境时,是什么原因让你遇到这些困境之后依然没有放弃,思考一下是什么力量给予了你支持?

神经症形成原因新的思路

个体心理学出现之前，人们认为很多心理疾病的根源来源于性本能，或者是外在条件反射的结果，但是个体心理学通过自己的临床实践有了新的发现：生活中的状态是应对自卑情结的方式，那么很多心理疾病所表现出来的病态模式是否也是因为这些不当的应对方法所导致的呢？

沉浸在自己的世界

如果一个人只沉浸在自己的世界里，只想通过自己喜欢的方式解决问题会怎么样？

个体心理学在临床中发现，每个神经症患者在他们接触的环境里，都会或多或少地限制自己的活动范围，只希望通过自己喜欢的方式达成目的，并将自己局限在他们认为能够主宰的环境中。在这个环境里，他们可能会退缩逃避，也可能会飞扬跋扈，这些状态所产生的根本原因就是自卑情结。产生疾病的原因是他们总希望在不改变环境的情况下，获得优越感。这种病态模式的养成和家庭教养密不可分。

填不满的安全感

总感觉很害怕……

神经症在现代心理学当中一般指：焦虑症、强迫症、恐惧症等心身疾病，这类疾病的主要情绪是焦虑。患者遇到事情往往会采取退缩的方式，如拒绝、忽视、盲目自大等，总想回到一个安全舒服的地方。个体心理学认为，这往往是自卑情结导致的。他们期望获取优越感的行为，却用在那些毫无意义的事情上，因此就会掩盖或者逃避真正的问题。克服这样的神经症，首先要面对现实，正视自己的各种感受以及情绪，带着情绪继续行动，就会慢慢地适应这类焦虑情绪，进而改变自己的状态。

超越小练习

当你有焦虑情绪的时候，可以试着去感受它，与这种感受相遇，尝试接纳和拥抱这种感受，看看会有什么神奇的现象发生。如果焦虑情绪一直得不到缓解，一定要去寻找专业人士解决问题。

追逐优越感是人类的共性

自卑是人类无法避免的一种状态,但是人类很希望超越自卑,因此追逐优越感便成了人类一生的命题。

错误的追逐优越感的方式

小明,你上课为什么总是睡觉?

如果我像其他同学一样乖乖听课,你就不会把更多精力放在我身上啦!

正确的追逐优越感的方式

这样能学到更多知识,让我变得更加优秀……

为什么你上课时总是这么认真努力?

导致人们追逐优越感方式不同的原因是什么呢?

个体心理学认为,因为每个人都有自卑情结,都期望自己可以战胜自卑情结,再加上小时候教养环境的不同,导致了不同的追逐优越感的方式。学生上课打瞌睡、调皮,实际上是内心深处无法控制追逐优越感所导致的。因为他们学习能力下降后,跟不上学业,但是追逐优越感的特性让他们无法接受这样的自己,因而他们需要通过不配合的方式来证明自己是优秀的,是引人关注的。

小明，就算你上课不睡觉，老师也同样关注你、看好你呀！你看是不是应该树立一个更加伟大的目标？

嘻嘻，这个……

如果我们想要帮助他们，直接否定和批评只会让他们感到更加糟糕。正确的做法应该是，给予他们积极、恰当的鼓励，提升他们的优越感。如果他们能不通过一些问题行为也可以获得优越感，那么他们就可以慢慢回归正轨。

超越小练习

尝试去做一些自己之前没怎么挑战过的事情，尽量完成它，看看会不会提升你的优越感。再过一段时间，看看自己的一些问题行为会不会减少或者消退呢？

通过"合作"实现超越自卑

提升优越感和克服自卑有很多方式,但是个体心理学认为最佳的途径是改善和提升合作能力。

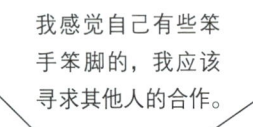

> 我感觉自己有些笨手笨脚的,我应该寻求其他人的合作。

为什么增强合作能力可以提升优越感呢?

人类对价值和成功的判断,总是以合作为基础,这是人类最伟大的共同点。我们对行为、理想、目标和行动的要求,都是为了促进人类的合作事业。由于人类的劳动分工,行业目标各不相同,每一个目标都存在着一定的错误。因此,当你具备合作能力的时候,才能更完善自己,这样形成的优越感也才会完善,在改善自卑感与提升优越感的时候才能更彻底。

长远的视角

我要好好规划我的人生之路。

如果我们把目标只放在某一部分，如工作、爱情……这样会很容易迷失方向。但是，如果我们把目光放到整个人生上面，把人生经营好了，成功、挣钱其实都是自然产生的产品。努力增强"合作意识"，提高合作能力，因为这可以帮助我们把目光不拘泥于一点，进而形成更高的行动力，帮助我们更好地适应环境，也帮助我们更好地提升自己。

超越小练习 试着思考一下，如果你想为这个世界做点什么，你想从事什么工作，并尝试寻找与之接近的职业，或试试做做兼职，看看会有什么新的体悟？

045

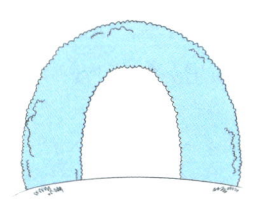

第四章

早期的记忆

追求优势地位的方式会塑造不同的人格

关于人格的形成原因,个体心理学有着自己独特的理解:每个人都渴望超越自卑,实现人生价值。因此,人对优势地位的追求是决定其整体人格的最关键因素,在精神生活的每个方面,都可以看到它的影子。

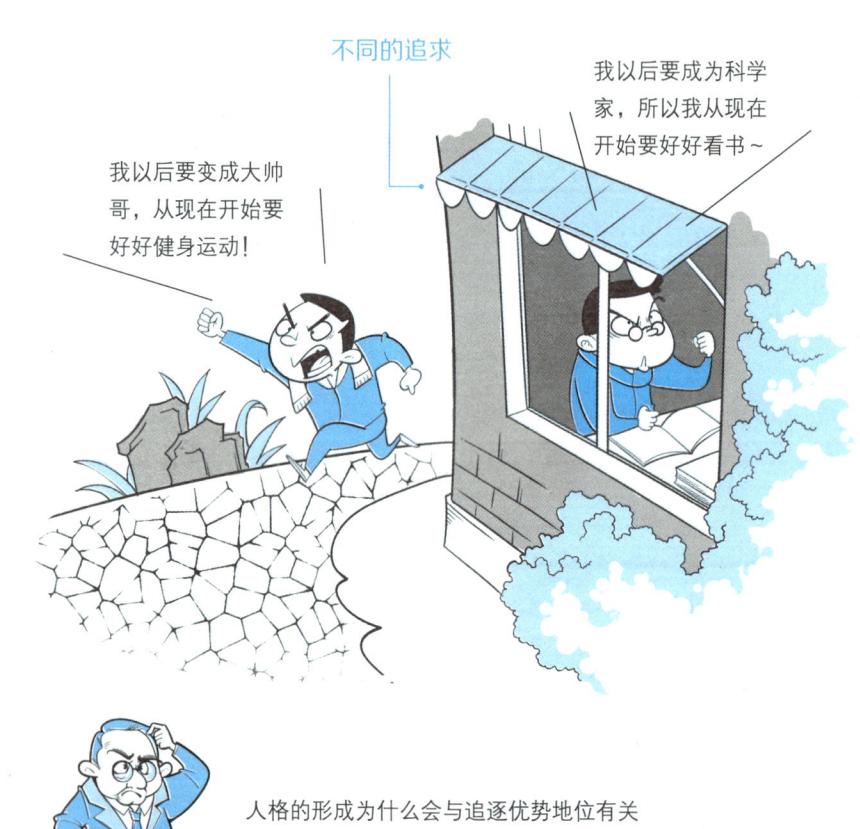

不同的追求

我以后要变成大帅哥,从现在开始要好好健身运动!

我以后要成为科学家,所以我从现在开始要好好看书~

人格的形成为什么会与追逐优势地位有关联呢?

个体心理学认为,人追逐优势地位的方式,会促使我们朝着这样的目的去形成自己的生活方式,这种生活方式则会塑造我们的人格。

个体心理学认为，空想无法让你成为期望中的人，人格的塑造并不是把你变成现实层面的具体的愿望达成后的结果。比如你想成为有钱人，你可能会去看很多理财的书籍，会关注关于金钱、理财的信息，等等。于是你的行为会跟着你的欲望去发展，进而形成完整的某一类型的人格特征。

> **超越小练习** 想一下，你目前对什么感兴趣，如挣钱、绘画、音乐，等等，看看这些爱好与你的性格有没有吻合的部分？

人格模式会反映在生活方式当中

人格的概念是抽象的，因此我们想要探寻人格的秘密就需要有更直观的途径……

> 只有将这些碎片拼凑好，才能看到一个鲜活的人格……

为什么人的生活行为习惯藏着人格的秘密？

个体心理学认为，抽象的人格是藏在每个人的生活模式中的，每个人会通过日常的行为暴露自己的人格特点，因此我们把人们的日常行为收集起来，就可以逐步了解这个人的人格了。所以，探寻人格秘密的全貌，就像考古，在那些陶瓷碎片、古老的工具、残垣断壁、倒塌的墓碑和残缺的古书中，推断已经消失的古代城市生活。

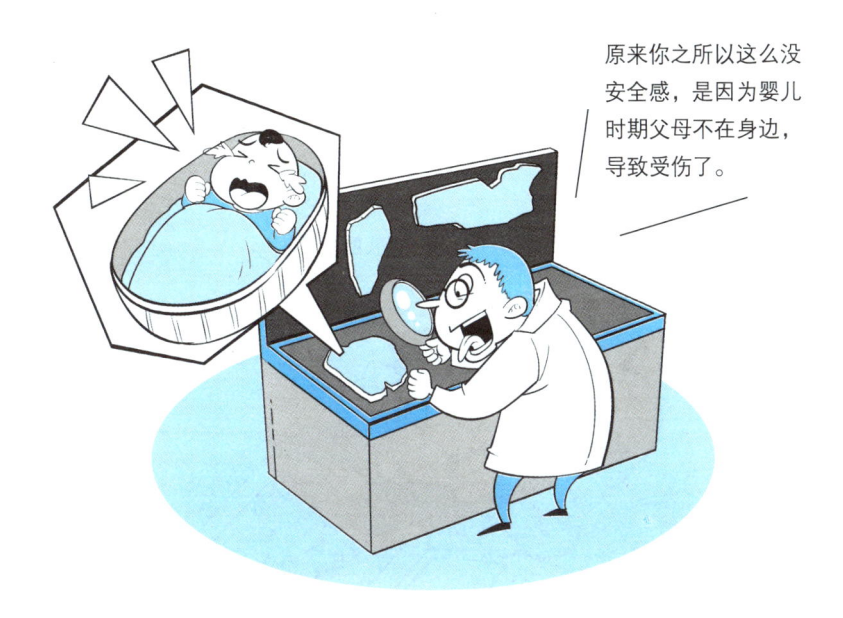

原来你之所以这么没安全感，是因为婴儿时期父母不在身边，导致受伤了。

日常的生活模式会反映人格的某种状态，但是对于心理学家而言，这些信息还是不够的，一些下意识的举动，或者一些自动化的想法以及行为，也是探寻真正人格内核的重要信息。因此，想要详细了解一个人是一件细致的工作。但是，正是因为探寻有难度，所以我们不要轻易以点概面地去对一个人下定义，以免产生错误的评价。

超越小练习

你可以思考一下自己最近经常重复的一个生活细节，看看这些行为背后有没有藏着什么秘密。

个人记忆是人类生活方式的摄像机

我们想了解一个人的生活方式,除了观察他当下的行为,还应该了解他的记忆。个人的记忆是所有心理现象中最能揭露个人人格秘密的。

哇!这都是我的生活。

为什么个人记忆能揭露人格秘密?

个体心理学认为,一个人的人格形成会受到早期生活环境的影响,而这些影响都会藏在个人的记忆里。记忆就像日记一样,提醒个人自己的能力范围和环境的意义。记忆绝不会是偶然的,个人选择记忆的都是他接收到的印象,它们的数量不可胜数,只有与自己的处境有重大关系的才能被回忆起来。因此,个人记忆代表了他的"生活故事"。

幻想即真实

> 我记忆中，小时候的你不是这样呀……

> 好久不见，你和我记忆中的也不一样……

生活中，有很多记忆可能与现实不一致，但是当事人都信以为真，精神分析学派认为这个现象叫"幻想即真实"。这个学派认为，很多人的感受及记忆中的感觉不一定真实客观，但对于当事人而言这就是他所感知到的真实世界，这种感受会指导他去产生相对应的行为。现实行为也会继续影响他们的记忆，可能会和之前保持一致，也可能会变化。因此，如果我们希望真正疗愈一个人的创伤，哪怕有时候来访者的记忆和现实不一致，我们也需要关照他记忆中的感受，才能带着他走出来。

超越小练习

寻找过去的记忆片段，看看把这几个片段组合起来，你找到目前你身上的某种状态是不是会有共性？

早期记忆对人类的意义

早期的记忆是极为重要的。首先，它们揭示了个人生活方式的形成原因，也是它最简单的表达方式。

你为什么喜欢吃香蕉？

因为小时候，我每次考试进步了，爷爷都会给我一根香蕉……

为什么早期记忆能揭示生活方式形成的原因？

个体心理学认为，早期记忆中的信息集中、内容简单，透露出关于人生目的、个人社会关系，以及对周围环境的看法等。

遗忘的受伤记忆

你还记得牛大壮吗？小时候他总欺负你，强迫你吃没熟的桃子……

牛大壮？没什么印象。我妈说我打小就不喜欢吃桃子。

有时候，我们形成难以改变的习惯，是由于早期记忆所形成的习惯很顽固。因此，我们需要对这部分记忆进行挖掘，才能更好地解决我们的问题。而且，人类大脑具有趋利避害的特征，对于不美好的事情，大脑会将它淡忘。我们会反复地用这个故事来警告或安慰自己，使自己把精力集中在目标上，并按照过去的经验，准备用屡试不爽的行为方式来应付未来。所以，很多时候我们记忆的缺失可能是一种保护，保护我们更好地遗忘令我们痛苦的事情。

超越小练习 想想小时候记忆最深刻的一件事情，试着写出它现在对你的影响。

早期记忆可以帮我们寻找曾经的创伤

早期记忆不仅是大脑帮助我们人类生存下去的一项重要能力,也是我们探寻过往内心创伤的重要线索。

我不敢,我不敢坐电梯。

那我们如何才能在早期记忆中,探寻到现在的一些问题模式的原因?

个体心理学发现,儿童在原生家庭中所学习的模式会在记忆中显示。这个孩子是否曾受到家长的溺爱或忽视;他的合作能力达到了什么程度;他喜欢与怎样的人合作;他遇到了怎样的难题,以及有什么解决办法,都会在他的身体和意识记忆中找到。有时候,一件小事就能成为人生态度形成的重要原因。

喜欢的理由

> 这是你未来的儿媳妇，喜欢不？

> 还行吧，看起来好像我年轻的时候……

精神分析的理论当中有两个假设：一、认为人所有的行为都是潜意识造成的；二、"成人问题儿童态"，意思是说成人的很多问题是因为退行到了儿童时期的某种状态，另一个观点则认为人类的发展实际上类似于滚雪球，我们在生命早期阶段会形成对这个世界的认识、态度、相处方式等一系列的生活方式。我们后面所有的生活方式只是在最早的这个部分做加法。

超越小练习

试着回忆一段小时候受伤的经历，并写下你当时对这件事的感受，然后试着在另一张纸上与这种感受告别，并写下对未来的期望，最后把这两张纸折成小船，放到水里让它们随着水流慢慢漂走。做完这件事后再看自己的生活有没有什么不一样。（如果持续不舒服，需要去寻找专业人士进一步处理自己的问题。）

057

第 五 章

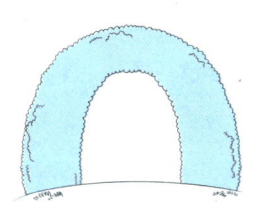

梦

关于梦境的早期理解？

梦是人类心理一种很常见的活动，人们对它一直很感兴趣，但是对它代表的意义却一直迷惑不解，对做梦时自己在干什么，或为什么会做梦等，还是一无所知。解梦的古书把梦与个人的命运联系到了一起，认为梦与未来有着某种神秘的联系。

> 我昨天梦到我变成了天蓬元帅，可威武了，你说会成真吗？

> 听说梦是反的，说不定会变成猪……

梦境和现实真的是"相反"的吗？

我们发现，在过去古老的宗教以及神秘学的范畴，梦是某种预示和征兆，梦可以带他们进入未来的世界，并能预料到将要发生的事。然而，因为人们害怕不好的梦境成真，所以会暗示自己梦是反的，但是在科学主义的理解下，不管是预示作用还是自我安慰，都是荒谬错误的观点。

> 根据你的梦的预示,你将来肯定会飞黄腾达……

> 哇,好准!说的就是我!

周公解梦

观天象 知古今

心理学的研究中,关于梦的预示作用,从科学角度来讲并不存在,"周公解梦"等都是"伪心理学"。这些预测之所以让人感觉很准确,是因为他们运用了现代心理学的两项研究,"巴拉姆效应"——说一些对谁都准确的话;"冷读术"——把一些套话用特定的方式告诉你,这样你就更容易觉得这些话就是说的你。

超越小练习

回忆一段梦境,把它记录下来,看看梦境中的情绪,是不是和现实中的某一段情绪很相似?

061

弗洛伊德——梦的解析

随着时间的流逝，心理学家们也开始了对梦境的探索，弗洛伊德是这方面的代表人物。弗洛伊德学派认为，为了满足个人没有实现的愿望是梦的作用之一。

你如何看待弗洛伊德的观点？

弗洛伊德学派认为，每个人都有欲望未能得到满足、实现，尤其是本能欲望，梦境则是释放这些欲望的重要渠道。分析梦境可以帮助我们更好地了解我们所压抑的欲望是什么，以及帮助我们理解人格是如何塑造的。

你梦里的,都是你的潜意识……

这些梦是……

弗洛伊德开创了"潜意识"的观点,他认为我们所有人的行为都由一种不易被察觉的力量所控制,这种力量就是潜意识。这个学派还认为很多心理疾病也是潜意识所导致的,梦境是潜意识的表达,因此分析梦境有助于找到问题形成的原因;另一方面,当潜意识的部分被呈现在意识层面后,也有助于我们宣泄情绪,所以分析梦境还有利于疾病恢复。

超越小练习 回忆一下你的梦境,尤其是谈恋爱时期,看看这些梦境有什么相似之处?

063

个体心理学对于梦的理解
——梦与生活状态保持一致

个体心理学在继承了弗洛伊德的部分思想后,认为梦中的生活和清醒时的生活是一致的,也就是大家所说的"日有所思夜有所梦"。

为什么会产生"日有所思夜有所梦"这种现象?

白天遇到的各种问题,我们在梦境中也会思考,只不过梦境和现实最大的区别在于梦境喜欢用隐喻和意象的方式进行表达,而情绪则是相同的。所以,从某种意义来说,梦是生活方式的体现,它有助于某种生活方式的建立,帮助我们更好地宣泄情绪或者建立起某种生活方式的灵感与支持。

好恐怖啊,又做噩梦了……

很多人都会做噩梦,有时候梦里的场景看起来和生活中不一样,但这是一种象征,比如,你心脏部位被压住,导致呼吸困难,你的梦境就会变成噩梦,模拟你身体此刻的感受;再比如,你最近压力较大,你的梦境就会变成压力比较大的场景,让你的心理压力在梦境中释放出来,这样可以在一定程度上缓解内心痛苦。另一方面,梦还可以提醒我们现在的生活困境,指导我们去改变。

超越小练习 回忆一种梦中产生的情绪,看看和最近某件现实事件的情绪是否一致。一般来说,情绪到达梦境说明对你自己而言是很重要的事件,我们需要多多关注,并且尝试去处理。(如果处理不了记得寻求专业人士的帮助。)

065

个体心理学对于梦的理解
——梦的目的：处理生活的需求

你是否想过，为什人在无计可施、感到压力重重、现实问题接踵而来之时，经常做梦？

> 最近压力好大，总是做梦……

你是否想过，梦的目的是什么呢？

梦的目的是支持自身的生活方式，使我们的生活方式不受常识的进攻，并激发与之相适的情感。梦的目的也是探寻未来的发展方向，是寻求克服困难的解决办法。

工作很累，做梦也很累

个体心理学认为，生活方式是梦的主宰，它可以激起人的某种情绪。但是梦为我们的具体做法提供了支持和理由。梦境通过支持自身的生活方式，激发与之相适的情感。如果个人无法通过现实方式来解决问题，他可以用梦引发的感觉来坚定自己的态度。同时，个体心理学认为梦唯一的目的就是引起一种心境，以便让我们可以应付某种问题。

超越小练习

你是否做过白日梦，或者让你特别满足的梦吗？思考一下，你觉得你是通过梦境满足你的某种需要，用来逃避某一种现实吗？

067

个体心理学对于梦的理解
——梦会欺骗和迷惑我们

对于梦境,你是否有过这样的经历,会不自觉地陶醉其中,会感到晦涩难懂,不明其意,就像庄周梦蝶……

是我梦到了蝴蝶还是蝴蝶梦到了我呢?

为什么会有这种现象呢?

从古时候起,人们便已经发现梦主要是由隐喻和象征构造而成的,所以它晦涩难懂,还有一个很大的特质就是欺骗和迷惑人。所以,我们不能完全以梦境作为唯一判断依据,而是要有更多的现实线索作为证据,互相验证,才能更好地利用梦境来指导我们的生活。

> 我是将军,应该在战场上英勇战斗,而不是做什么数学题目……

例如学生考试,如果他有逃避的习惯,他就可能梦到自己上战场。梦境会帮他完成所期待的事情,为他的逃避提供充足的理由。如果一个人抗拒一件事情,或许我们可以通过分析梦境得出结论。个体心理学认为,梦境只能作为现实分析的补充,人不能依赖于梦境。因此我们对于梦的态度是它就像我们的一个工具,可以作为某一维度的参考。

超越小练习

如果你特别痴迷对神秘学以及意象的研究,你可以追问一下自己,为什么很喜欢这些玄乎的事情;如果你不喜欢这个部分,也可以问问自己,为什么会不喜欢不确定的事物,由此可以更深入地了解自己的性格。

第六章

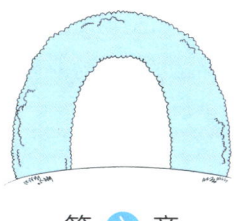

家庭的影响

母亲对婴幼儿产生深远影响

从出生的那一刻起,婴儿就设法与母亲建立了联系,这就是他行为的目的。婴儿此时完全依靠母亲,合作能力由此发展起来。母亲是婴儿第一个接触的人,也是除自身外第一个感兴趣的人,是其社会生活的第一座桥梁。

婴儿和母亲之间建立的这种联系,会对婴儿产生怎样的影响呢?

个体心理学认为,母亲和孩子的这种联系极其紧密,其影响十分深远。婴儿如果完全无法与母亲或其代替者建立联系,一定会死亡。母亲与孩子的合作能力以及母亲吸引孩子的能力,影响了孩子的全部潜能。

在养护孩子的过程中，母亲有大把的机会和孩子建立联系，比如抱孩子、背孩子、与他谈话、给他洗澡等。如果母亲过于冷漠，孩子会无法形成良好的情绪情感系统；如果母亲对这些事不熟悉或者没有兴趣，孩子就会对她产生抵触……这样，母子之间就不会建立联系，孩子还会想着逃避母亲。我们可以从母亲的所有活动中看到她的态度，不同的态度对孩子性格的塑造也会不同。

母亲女性的价值常常遭到忽视

在我们的文化里，作为母亲女性的价值经常遭到忽视。在历史上，女性经常是被轻视的那方，这种现象即使现在仍然偶尔能看到……这种文化会影响到母亲对待孩子的态度。

> 正合我意，儿子可以传宗接代。

> 老公我们还是生个儿子吧，因为我小时候，我爸妈很不喜欢我。

忽视女性的价值会对我们造成什么样的影响呢？

如果人们重男轻女，女孩就不会喜欢母亲的角色，因为谁都不甘心居人之下。当那些不满足自己角色的女性结婚后也会产生其他目标，这些目标会阻碍她与孩子建立良好的关系。她与孩子的目标并不一致，她只想做一些可以证明自己优越性的事，这样，孩子便成了包袱、累赘。个体心理学认为，女性应该被赋予发挥潜能的机会。潜能必须通过社会情感才能发挥出来，社会责任感会将它们导向正途，使它们在发展时免受外来的影响。这样才能使孩子的养育工作更顺畅。

母性的力量是无法估量的，很多研究都表明，母亲保护孩子的本能超过任何动力。这种力量的基础来自合作目标。母亲感觉孩子是自身的一部分，通过孩子与她的生命联系，让她觉得自己是生命的主宰。我们可以发现，每个母亲都在一定程度上觉得自己完成了一件独创的作品。可以说，她感觉自己就像上帝一样完成了创作——凭空创造了生命。事实上，对母性的追求就是人类对优越感的一种表现——成为神圣的人。这个例子清楚地表明：只要关爱他人，有强烈的责任感，这个目标可以应用于整个人类。

超越小练习

如果你是女性，你是否接受自己的性别身份，你觉得你的这个态度是如何形成的？

如果你是男性，你是否允许自己拥有某种女性特质，比如温柔、情感丰富，你的这个态度形成的原因又是什么呢？

母亲保持依恋的同时也要尊重孩子的独立性

母亲和外界的关系是复杂的，她和孩子的关系不应该过分强调。我们强调母亲与孩子之间关系的重要性，并不意味着要孩子完全依赖母亲，过犹不及的关系亦是一种伤害。

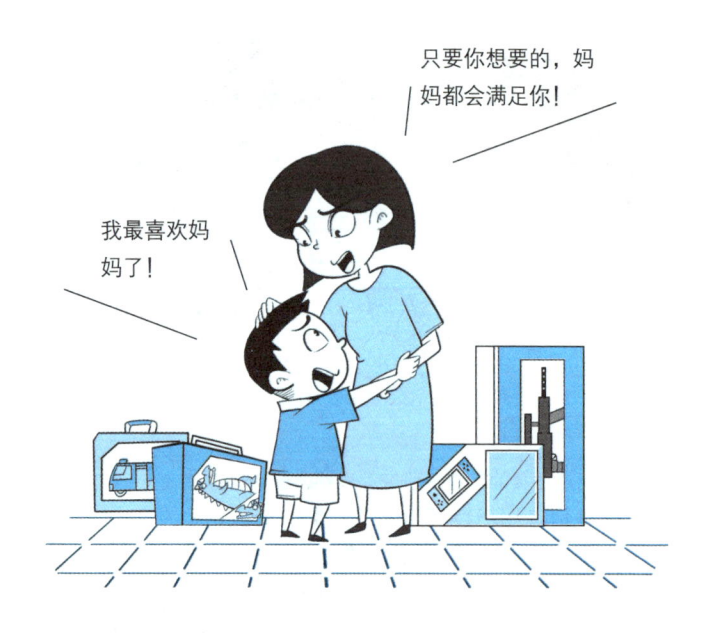

> 只要你想要的，妈妈都会满足你！

> 我最喜欢妈妈了！

过度关注会给孩子带来什么影响？

如果母亲只想着如何使孩子关注自己，那么孩子以后对与外人接触都会很反感。他会一直依赖母亲，如果谁想从母亲那里得到关爱，就会成为他的敌人。被宠坏的儿童，他们只想拼命获取母亲的注意，对自己的发展任务拒不理会。还通常害怕孤独，尤其是一个人待在黑暗中，他们并不是害怕黑暗本身，而是利用害怕来使母亲跟他们待在一起。

> 宝贝，你这么大了，应该学会独立了噢！

> 阳光小学

> 谁也别想让我和妈妈分开！

个体心理学认为，不能强制母亲与孩子分离，这样的做法一方面会导致孩子面对突然的变化无法适应，另一方面孩子是不能失去母亲这样的照料者的。因此，个体心理学主张，母亲要与孩子建立良好的依恋关系，但不能完全放任孩子的需要，需要一定的边界感，采取温柔而坚定的原则鼓励孩子迈向独立。另外，我们更主张提升母亲的养育能力，母亲要积极面对这些困境，因为没人能够替代母亲的照料。如果在养育方面有困难，可以寻找专业人士的帮助，降低自身面临这些挑战的困难，还可以更科学地提升教育小孩的能力，实现共赢。

超越小练习

回忆一下，你与你母亲分离的过程顺畅吗？你觉得这部分允许你独立或者不允许你独立的状态对你自身的性格是否造成影响？如果你现在意识到这个问题，你准备怎么调整自己的状态，可以写下来了解一下自己。

父亲和母亲在家庭教育中同等重要

在家庭中,父亲和母亲有着同等重要的地位,对孩子的影响和母亲一样重要。也许在最初,孩子与父亲的关系总是不如与母亲亲密,但父亲对孩子的影响会在以后的生活中逐渐显现。

我长大后也要像爸爸这样……

父亲参与孩子养育工作的挑战和阻碍有哪些呢?

个体心理学发现,一方面母亲与孩子的依恋关系过重,母亲没意识到把孩子的兴趣慢慢转移到父亲身上;另一方面,父亲更多投入到外界工作中,导致父亲家庭教育观念薄弱,缺少自己主动参与家庭教育的意识。而且,夫妻关系不和睦会导致他们教育孩子的观念有分歧,不会形成良好的合作形式。

这样才是真的遮风挡雨!

良好家庭的构建少不了父亲的支持。父亲必须以良好的方式应对生活的三个问题——事业、友谊和爱情，成为全家的榜样。此外，父亲的态度还影响着孩子准备用何种方式面对职业问题。如果父亲事业有成，需要在孩子面前降低姿态，以免给孩子造成压力，让孩子感觉永远无法超越父亲而丧失自我。总而言之，父亲的行为会成为全家的学习榜样，因此父亲要严于律己。

超越小练习　试着回想一下，父亲在你的成长过程中，给你留下最深刻的印象是什么，这种印象对你产生了哪些影响？

来自孩子之间成长的挑战

在多胎家庭中，出生顺序其实也会使一个孩子遭受不同的待遇，而这些不同的待遇又会产生什么影响呢？

我是老幺，我最受宠爱！

我是老大，我是家里的担当。

我是老二，我可能常常被忽视。

你是如何看待出生顺序对孩子的影响的？

个体心理学非常关注一个人的出生顺序，认为每个孩子在家庭中的排行非常重要，会导致他们的处境有很大区别，比如"哥哥要让着弟弟"。这些区别会促使每个孩子感受到父母对待他们的不一样，这些不一样都会在他们的生活方式中体现出来，并烙在他们的人格中。

> 哥哥和弟弟都是妈妈的宝贝，你们对我来说一样重要！

心理学家建议，一般两胎之间最好不超过三岁。因为在两者年龄相差不大的情况下，养育者更容易平衡他们的关系，这样对于孩子来说会感觉得到父母的爱是一致的，不会因此造成过度的同辈竞争。不管孩子是第几位出生，都应根据他们的性格特点，给予同样的爱与支持，发展他们的优势，同时增加他们之间的合作，这样他们就能一起成长了。

超越小练习

你可以看看你是第几个出生的，或者是独生子。你觉得这样的角色对你来说有什么影响？

怎样创造和谐幸福的家庭

幸福的家庭是每个人的渴望，什么样才是幸福家庭，如何构建幸福家庭呢？

你心中的和谐家庭是什么样的？

个体心理学认为，在和谐的家庭中，每个人都认为家中无霸权，每个人都有机会表达自己的声音，家庭允许他们做自己喜欢的事情、有自己的空间……同时，夫妻双方要把他们的共同幸福高于个人利益，产生真正的合作，两个人都应爱对方胜过关注自身。此外，夫妻双方需要把自己所擅长的部分融入教育孩子的过程中，这样才会促使家庭全面发展，成为和谐家庭。

> 你们都是爸爸妈妈的宝贝,要相互关爱哦!

> 谢谢爸爸妈妈!

个体心理学认为,在和谐家庭的构造中,除了夫妻关系和谐以外,还需要关注孩子们之间的互动与挑战。如果孩子们在成长过程中觉得彼此是不平等的,他们就不会对社会感兴趣。如果男孩和女孩彼此不平等,他们在未来亲密关系之间就会存在障碍。一个和谐家庭的构成需要父母去平衡各种关系,同时,父母的处理方式也会被孩子学习到,成为他们长大后步入社会的经验。

超越小练习

如果你可以创造一个家庭,你希望你的家庭氛围是什么样的,可以写下来,也可以画下来,看看和你的原生家庭是否一致。但不管是否一致,幸运的是,你将有一个梦想的未来!

083

第七章

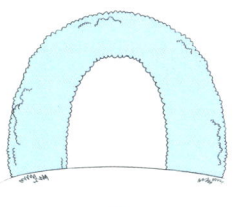

学校的影响

学校是家庭教育的延续补充

学校是家庭教育的延伸。学校可以减轻父母的负担,并继续推进他们的工作。学校可以帮助学生学习丰富的文化知识,但这些知识会给学生带来难度与挑战,这些考验又像镜子一样映射出他们曾经在家庭的生活方式。

你在家里表现得可不是这样噢!

我不要上学!
我不要去……

为什么很多孩子在家很听话,到学校以后就变得调皮了呢?

在学校里,孩子成长过程中的种种缺点会暴露无遗。一方面,知识的学习会暴露他们的学习能力;另一方面,他们会与其他人建立合作关系。如果他们在家中已经习惯被人宠爱,那么他们必定不想离开家人的呵护,去和其他孩子一起玩耍;如果孩子眼里只有自己,学习成绩一定不会好。所以,并不是在学校孩子变得不好,而是早在家庭教育中就已经埋下恶果,只不过到学校后暴露出来了。

> 真的吗?

> 不用担心,你也可以像这棵小树苗一样,好起来的,然后长成参天大树……

个体心理学认为,老师有机会修复一些问题孩子原生家庭所带来的创伤,并纠正父母的错误。老师要做的事情必须和母亲应该做的事一样,多与学生相处,多关爱学生。从某种意义上来说,老师是孩子生命中的重要他人,他们的影响也是巨大的。当然,我们不能把孩子的问题完全寄托在老师身上,因为老师的经历也有限。更重要的是老师和家长一起合作,这样才能扬长补短,一起教育好孩子。

超越小练习

你的哪些行为模式是受学校的影响?这些对你的生活有哪些影响?思考这个问题能帮助你更好地了解自己行为模式的形成。

个体心理学给老师教育方式的建议

我们都知道,老师是学校影响的重要力量,既要教授学生知识,又要帮助学生完善人格。在学校里,老师们每天都要面对不同性格、经历、特征的学生,面对各种各样的挑战……

平衡两端

这么多性格不同的小家伙,真是个不小的挑战啊!

每天都要面对不同特点、性格的学生,老师们该如何应对呢?

个体心理学认为,老师要对所教的学生有爱心,发现孩子遇到的困难,找到问题根源所在,针对不同学生因材施教。比如,懒惰的孩子,他可能是个被宠坏的孩子;顽劣难管的学生,大多数把学校视为令人不快的场所……老师想要吸引孩子的注意,必须先了解这个孩子以前的兴趣是什么,并设法使他相信,他在各种兴趣上都能获得成功。老师应该全力增强孩子的勇气和信心,帮他解除由于对生活的误解而影响自身发展的限制。

> 我才不要和他们合作，我一个人就能得第一名！

合作课题

个体心理学认为，学校会设立很多考试、排名、比赛等，以此来激励孩子更加努力地学习。但是比赛失败、排名靠后，有时反而会导致孩子出现更严重的心理问题。因此我们更鼓励以合作、发展兴趣的方式来教育孩子，在合作的过程中产生与周围的人与环境的连接。发展他们的兴趣有助于他们保持持续性的学习动力，这样才能帮助他们真正热爱学习，为社会做出贡献，成就自己的人生。

超越小练习

你擅长与他人合作吗？与人合作的过程中你是充满压力，还是会很快适应？造成压力的原因是什么？思考一下，这样可以帮助你更好地了解自己。

建立丰富的教学体验环境

在你的学习之路上,是否有过"留级""跳班升级""被分到快/慢班……"?

到底什么样的教育能让学生收获更多?以阿德勒为代表的个体心理学,有着独特的思考和见解。

哈哈!留级大王……

1900年XXXX学校

哼!

你是如何看待学校的分班、留级、跳班升级等现象的呢?

个体心理学主张丰富、多元化的设置更有利于学生的学习、成长,比如男女同校,不分优等班和平行班。每个孩子都有自己的特点,孩子们性格迥异,我们并不主张把他们塑造成固定的类型或统一的模式。我们认为在不同的氛围下,学生才能掌握到不同的知识、文化、价值观,在这多元化的价值体系下,建立良好的合作关系,进而完成独立自主的成长之路,健康地成长。

> 今天我们来讨论一下，如何处理A班同学成绩下降的问题。

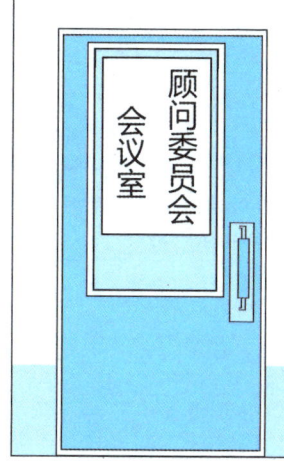

老师也不是全能的，为了丰富教学体验环境，个体心理学创建了顾问委员会。顾问委员会所倡导的方法就是要有一位经验丰富的心理学家，善于处理老师、家长和儿童遇到的困难，并跟学校的老师相互探讨他们工作中遇到的问题。这样既缓解了老师的压力，也处理了学生的问题，实现共赢。

超越小练习

如果你性格内向/外向，那么寻找你身边和你性格完全不一样的人，和他相处一段时间，看看自己会有什么不一样的变化。

第八章

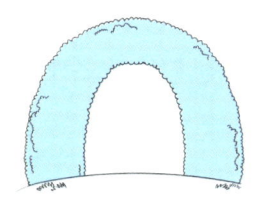

青春期

青春期是迈向成人的关键时期

青春期是人格形成的关键时期，充满突变的危险，但是这种危险还不足以改变人的性格。孩子在青春期要面对新环境，遇到各种挑战，伴随而来的则是各种各样的问题……

累不累，冷不冷？饿不饿呀？

不要你们管！

为什么每个孩子到了这个阶段就会出现这类问题呢？

青春期的孩子会特别渴望独立，一方面是因为这个时期生理的变化，另一方面是早期错误的生活方式在这个时期集中爆发出来，如果家长不去干预他们，随着社会阅历的增加以及在其他重要角色（如老师）的影响下，可能会有一定的改善，但如果没有这些刺激，则问题可能会一直存在，甚至错误的模式还会带给他们的后代。事实上，这些一直隐藏的错误生活方式早就存在，而且会被经验丰富的人一眼看穿。

> 真心无法理解……

> 这叫作潮流、时尚，你懂什么！

你是否也对青春期孩子的行为充满疑惑？青春期的许多行为都是各种期望的表现：人格独立、平等、男子气概或女性气质等。这些表现取决于儿童对"成长"意义的理解。如果在他们心中"成长"就是不受约束，他们就会为所欲为。这是青春期的常见现象。我们需要做的是尊重和修复他们曾经的错误模式。

超越小练习

试着写出你对成长的理解，以及你为了成长所付出的行动。然后仔细思考一下，你渴望成长的真正原因。

青春期的不顺畅
是"三大问题"没准备好造成的

厌学、早恋、迷茫、叛逆……青春期的所有问题,都是由于对生活的三大问题缺乏准备和训练造成的。孩子们受到的命令、告诫和批评越严厉,就越会觉得被逼到了悬崖上。我们越把他们向前推,他们就越往后退……

霸权主义下的家庭教育

怎么又没及格?

为什么三大问题缺乏准备和训练,会造成青春期的所有问题?

三大问题的解决之道就是培养孩子的合作意识与能力。在过去的成长过程中,孩子如果没被培养应对后续生活挑战的能力,面对青春期的压力和挑战时,就会不知所措,根本没有能力解决这些问题,自然会以最省力气的方法来应对它,如逃避、推托、犯罪,导致对未来充满恐惧等。

> 我才不屑和他们一起！

如果，孩子不能习得处理这三大问题的正确方法，可能会产生很多心理问题，导致远离社会，走向反社会的道路。如果我们希望帮助他们，就必须改变他们的整个生活方式，鼓励他们，让其以科学的视角审视过去、现在和未来的意义，并知道、理解自己与他人互相平等，并了解要奉献社会……那么，青春期只是给他提供了一个机会，让他开始对成年人的生活问题做出独立而有创造性的解答。

超越小练习

如果你是父母，思考一下，你在孩子儿童时期是否有培养孩子的社交能力、亲密关系的交往能力，以及关于未来的职业生涯规划？如果你尚未成为父母，你可以思考你曾经有没有过这方面的学习，如果没有，你准备怎么补充学习起来？

青春期的典型心理现象——渴望独立

青春期有很多与之前成长阶段不一样的心理现象，而渴望独立是该时期一个重要的心理现象。

> 小宝贝，小心点，别摔着！

> 我是个大人了，我可以自己来！

为什么孩子会出现这样的心理呢？

对每个孩子而言，青春期最重要的一件事情就是：他必须证明自己已经不是个孩子了。之所以出现这样的心理，有很多原因：一、从小被父母照顾，甚至是过度照顾；二、随着自己长大能力得到提升；等等。如果家长希望继续通过"霸权"管控孩子，孩子则会激烈地反抗，于是，父母与孩子的这种对抗就会成为青春期的主旋律。如果我们尊重并协助孩子迈向成熟，他们则会真正地独立起来。

如何处理青春期孩子渴望独立的需求与他们不成熟行为的矛盾，个体心理学认为，青春期的教育应实行"慢半拍"原则：先尊重孩子的意愿，鼓励孩子多尝试体验，增加孩子的现实体验，丰富孩子的成长经验。"慢半拍"的原则，不是指所有的事情都完全让孩子为所欲为，而是在倾听了孩子的想法后把自己的经验分享给孩子，让他们学会分析问题，提高他们承担责任的能力，这样才能更好地帮助他们成长。

思考一下，青春期的你是喜欢父母完全不管，还是喜欢父母在尊重你想法的同时把他们的经验分享给你，并充分地给予你支持和选择权？

青春期的典型心理现象——渴望亲密关系

青春期的孩子另外一个典型心理现象则是过分重视或大肆渲染亲密关系，他们希望证明自己已经长大了，结果却过犹不及。因此，青春期教育的另一大考验就是迎接这突如其来的生理和心理的巨大变化。

好想和他说话，他会喜欢什么样子的女孩子呢？

好紧张，好想和她说话呀！

为什么青春期的孩子会特别关注亲密关系？

一方面是他们的生理迅速发展，自然产生了亲密关系的需要。另一方面渴望亲密是他们在童年时期就种下的种子，只不过随着生理的变化，在这个时期发芽了。比如：假使一个孩子认为自己一直受父母的压迫而企图反抗，他就很可能和遇上的任何感兴趣的对象交往，发展亲密关系。因此，家庭环境也是造成他们更加关注亲密关系的原因之一。

要是我是男孩子，那该多酷。

其实我也想像女孩一样，把自己打扮得漂漂亮亮。

青春期是孩子性别观念进一步发展的重要时期。心理学认为，孩子在三岁左右开始产生性别不同的基本观念，如果家长在这个时段没对孩子进行良好的性别教育，孩子在青春期可能会产生很多性别模糊的思想观念，进而影响他们亲密关系的发展。我们主张父母在孩子面前，最好也避免有过分亲密的表现，不要给孩子们提供不必要和不适宜的亲密关系的知识，让他们过早地产生性萌芽，以至于耽误他们其他心智能力的发展。

超越小练习

你觉得你的亲密关系是否有问题，如果有，是从什么时候开始的？又是什么原因导致的？思考一下，并试着整理出来，去寻找专业人士帮助你分析、探索。

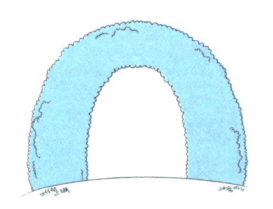

第九章

犯罪与预防

犯罪行为现象背后的内心活动

你是否思考过,施行盗窃、抢劫、诈骗等犯罪行为的人有哪些共同之处?

打工是不可能打工的啦,又累又辛苦,只好偷点……

只要是我喜欢的,我就要不择手段!看到好的东西就想要嘛!

我就想不劳而获得到我想要的东西,再说,能骗到手也是我能力的体现!

盗窃　抢劫　诈骗

罪犯和普通人之间有哪些区别呢?

个体心理学认为,犯罪人群和普通人群一样,没有什么特殊的。犯罪行为并不是与世隔绝的,而是一种病态的生活态度。罪犯之间的合作能力不尽相同,有的严重缺乏,有的则较轻微。犯罪分子毫不顾及他人,他的合作限于很低的程度,当超出这个度时,他就会犯罪,当他不能解决问题时,就会超出限度。

每个人都希望能克服困难，追求胜利，追求卓越，追求稳固的地位，罪犯也不例外。很多人之所以会成为罪犯，并不是因为天生遗传，也不是某固定环境单一因素造成的。罪犯也是普通人，他们的行为也是可理解的人类行为的变体。罪犯的目标总是在追求自身的优越感，只不过所追求的对别人没有一点贡献，也不跟别人合作。

超越小练习

思考一下，当你犯了一些小错误后，解决问题时是只顾及自己的感受，还是倾向于照顾别人的感受？

犯罪问题的起源是三大问题的不适应

个体心理学把生活的问题分成三大类：第一类是和他人的关系问题，也就是友谊问题；第二类是与职业相关的各种问题；第三类囊括了所有的爱情问题。这三类问题的不适应都会造成犯罪问题的萌芽诞生。

三大问题的不适应最早源于何时？

很多人会把犯罪行为归为某一突发事件，但个体心理学的研究认为，很多犯罪行为的根源来源于早期家庭生活。不良的生活习惯、错误的家庭引导方式、溺爱，以及情感忽视、先天缺陷等都可能是滋养犯罪行为的沃土。在罪犯中，孤儿占了相当大比例，私生子也是如此——没有人挺身而出，来赢得他们的情感，并将它转移到社会上。因此我们需要关注这类群体，协助他们修正错误认知，这样才能避免很多社会悲剧发生。

> 我们这个是展品,不对外销售。

> 我得不到的东西,就算偷也要把它偷走!

非卖品

大部分人在优越的条件下不会犯罪,但是当生活中出现了他们无法应付的问题时,他们就会铤而走险。如果从小没有培养处理这三大问题的能力,长大以后就会出现各种各样的行为问题。这三类问题的处理核心其实都是提高"奉献"意识,需要我们从小培养孩子与他人合作、感受到周围人的需要的能力,这样才能避免犯罪行为的萌芽,形成良好完善的人格。也就是说,人的生活方式,即解决问题的办法,才是最重要的。

超越小练习

试着思考,你犯过最大的错误和早期经历之间的关系。

导致犯罪行为的另一个因素——
欲望与现实不匹

个体心理学认为,犯罪行为背后都藏着想要解决问题的欲望和动力。很多人犯罪,还源于他对生活的需要,远超出他目前生活环境所能给他的满足。

这个宝石只配得上我这样的人,今晚就把它偷走。

这种不切实际的夸大的需求和妄想,又是如何导致人们走上犯罪道路的呢?

个体心理学发现,当自己的欲望超过自己能力的时候会增加人类犯罪的冲动,自身生理的缺陷、贫困、溺爱等都会导致欲望暴增。欲望与环境不一致,当人们面对这些困境时,没有勇气通过合作来解决,又不想费力气,于是开始逐渐走上犯罪的道路。

> 既然你从小衣食无忧,为什么还要犯罪?

> 那你是因为小时候饭都吃不上,所以犯罪咯?

个体心理学认为,早期心理负担过重的儿童和被宠坏的孩子容易走上犯罪道路。身体有缺陷的、被忽视的、被遗弃的、不被欣赏或被人讨厌的儿童,也需要特别照顾,以便让他们学会关爱他人,否则,他们只会关注自身,不能朝正确的方向发展。被宠坏的孩子需要自强自立的教育,如果他的要求无法全部满足,他就会觉得受到了不公平的待遇,因而拒绝合作。

超越小练习

如果你非常想得到一件东西,但是目前以你自身的能力获取不到,你脑海的念头是什么?你是会努力克服还是会选择逃避?

如何避免犯罪行为的发生

施行犯罪行为的人的性格有什么特征呢?如何避免犯罪行为的发生?如果我们从心理学的角度来干预,会有什么样的方法呢?

盲目自信和犯罪行为有何关系呢?

个体心理学认为,自恋是自卑的另一种表现形式。自卑和自恋是一个东西的两个面向,自恋型人格障碍继续发展就是反社会人格障碍。很多具有犯罪行为的人,一方面盲目自大,养成了一种自我欺骗的优越感,来隐藏自己的自卑情结;另一方面又逃避自己不能应对的问题。这些人往往缺乏"合作"精神,觉得生活异常艰辛。因此,我们如果真正想改造他们,就必须从这两点入手。

法律的制裁有助于刺破他们盲目自恋的幻想，减少自恋情结的影响。之后，还需要培养他们的合作能力，通过劳动、义工改造等矫正其思想、行为，通过重新学习的康复措施培养合作能力，以此减少犯罪行为复发的概率。更重要的是，我们需要预防犯罪行为的发生，可以在发现一些轻微的犯罪行为苗头时，通过类似的方式来纠正他们养成的错误，并使他们的社会兴趣扩展到他人身上，帮助他们重新获取与他人合作的能力。

超越小练习

你是否也有过只顾及自己的感受，很少考虑他人的时候，你觉得是什么时候的什么事情塑造了你的性格？

从社会层面减少犯罪行为的举措

一个人犯错，不仅是家庭的责任，也是社会的责任。那么我们的社会可以做些什么，以此减少犯罪行为的产生呢？

为了减少犯罪行为，我们应当坚决提高犯罪成本、提高破案率，绝不放过任何漏网之鱼！

惩奸除恶 保卫一方

提高犯罪成本和提高破案率是否会降低犯罪行为呢？

个体心理学认为，提高犯罪成本、提高破案率是可以从社会层面降低犯罪率的有力行为。当然，除了这些，还有其他方式也有益于减少犯罪行为。

做一个对他人、对社会有意义的人

社会层面不仅需要对已经产生犯罪行为的人给予惩罚，还要预防犯罪行为的诞生。因此，我们可以把老师当作社会进步的助推器，可以培训老师来纠正孩子在家里、学校养成的错误，并使他们的社会兴趣扩展到他人身上，使得人类变得更喜欢交际、更懂得合作、更乐意为全体人类谋福利……这样，社会才能更健康地发展下去。

超越小练习

除了原生家庭，你生命中的其他人是否能够带动你成长起来，比如对你影响深远的老师，他在什么方面影响了你？

第 ⑩ 章

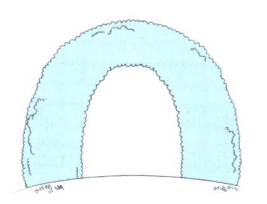

职业

职业问题的最佳解决方案——
首先需要以人类福祉为使命

人类面对的三个纽带造成了人类生活的三大问题：职业、人际、两性。这三个问题互相交织，一个问题的解决必定有助于另一个问题的解决，它们其实是同一情况、同一问题的不同方面。这个问题就是：人类必须在所处的环境中生存下去，并继续发展。个体心理学认为，由于人类是群居生活的物种，职业的取向、选择不可避免地需要与周围人合作，这样才能更好地适应环境。

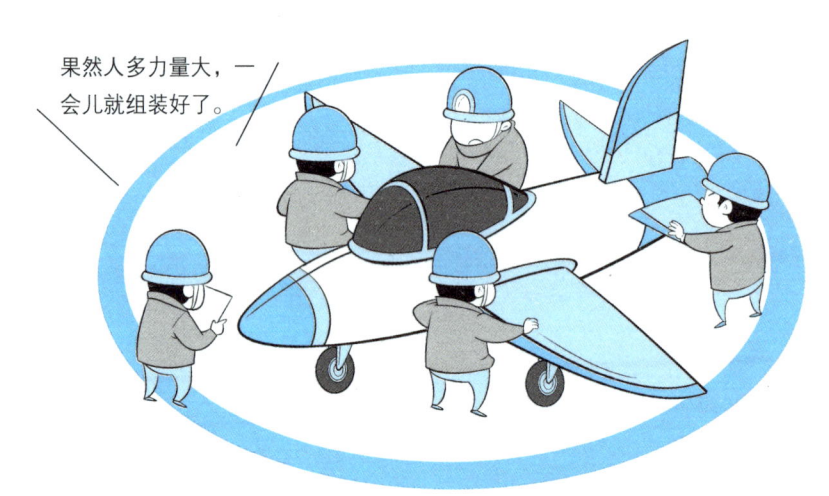

果然人多力量大，一会儿就组装好了。

你是否想过，如果人们都不合作，结果会是如何？

如果每个人都不愿意合作，也不愿依仗人类的合作成果，只想凭一己之力在地球上生存，那么人类的生命都无法得以延续。由于分工，我们可以享用许多不同的劳动成果，并将不同的人组织起来，使他们造福人类，排除各种危险，并为社会上所有成员提供发展机会。

以"奉献"为价值观所带来的成长动力

我想当科学家,长大了造福全人类!

个体心理学认为,如果你的职业选择只顾及自己的需要,而缺少对世界的关注,那么你很容易职业倦怠,陷入困顿。如果你把职业发展与世界结合,并乐意奉献,让你的职业对世界更有意义,那么你将更加积极,工作也将变得更具意义。因为,职业问题最佳解决方案首先需要以人类福祉为使命。

超越小练习

思考一下,你希望为这个世界带来一点什么?你目前从事的工作可以为这个世界带来什么福祉?

职业选择要以兴趣作为动力

如果你现在的工作不是你所喜欢的，或者不是你所向往的，你的感受会怎样？

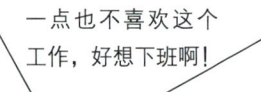

一点也不喜欢这个工作，好想下班啊！

为什么需要建立职业兴趣？

个体心理学认为，兴趣是所有发展的动力。如果一个人没有兴趣作为支点，那么他将很难自己主动去学习、去掌握相关知识和经验，进而在未来所选择的工作中感到乏味与缺乏耐心。兴趣的培养越早开始越好，假如太晚了，孩子们可能会失去兴趣。其次，我们必须自由选择自认为最有价值的职业。如果人们脚踏实地工作，而且一心为他人服务，那么他的工作就是有意义的。他的唯一任务就是提升自己，自强自立，并把自己的热情投入到劳动分工的结构中。

唉，要是我当初坚持学画画，现在就不用每天在电脑面前写文章了。

受很多因素的影响，很多人可能在选择专业、职业时，并没有选择自己喜欢的专业和职业，进而产生逃避心理。对于那些不愿意上学的青少年，或者职场失意的人，我们应该找出他们真正感兴趣的事情，一面利用它对他们进行职业辅导，一面帮他们再次燃起对生活的兴趣，给予鼓励和支持，重新规划人生。这样才能帮助他们更好地回归到正确的职业发展轨道上来。

思考一下，你的职业选择是以自己兴趣为导向的还是其他什么原因选择的？

职业问题可能是恋爱与其他社会问题的避风港

职业问题有时候可以用来作为逃避爱情和社会问题的理由。在社会生活中，经常有人借口工作太忙来逃避爱情和婚姻问题。

为什么有的人会用职业问题来逃避爱情和社会问题呢？

个体心理学发现，很多忙于工作的人，有时候并非喜欢工作，更多的是对周围事物不感兴趣，逃避不擅长的问题等。但是职业内容是他们长期学习并且已经掌握的能力，而且忙于工作还可以使他们获取物质财富，因此更容易成为他们的避风港。然而，长期沉浸在工作中，处于忙碌、紧张的状态，往往会导致出现神经症，被情绪问题困扰。

不管是躲避职业问题，还是其他问题，本质是当事人感觉自己做不好相对应的事情，并且不太愿意努力去面对问题，因此采取回避的姿态去面对生活中的困境。我们对待这部分人群，一方面要鼓励他们恢复自信，另一方面要找出他们的主要兴趣，从兴趣开始，会更容易使他们慢慢回归社会，重新树立信心。

当你遇到不想做的事情时，你是积极面对还是选择逃避？找一个你不太愿意面对的问题尝试着面对一下，看看会有什么收获？

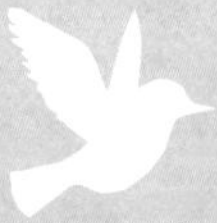

第十一章

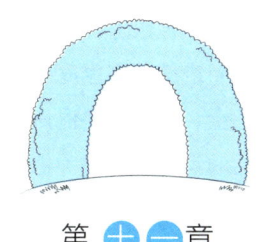

人与同伴

团结合作在远古时期就是人类最重要的能力之一

团结合作是人类历史上最悠久的活动。正是对同类的兴趣促使了人类不断进步。在家庭中，对他人的兴趣是最基本的。据我们所知，在原始社会，这种倾向促使人类形成了以家庭为主的群居生活。原始部落用共同的符号（图腾）把各个成员团结起来，使用这些符号的目的就是让他们能够团结合作。

> 我们都是狼的传人，像狼群那样，团结起来！

> 团结团结！

> 团结团结！

> 这些符号有何特点，为什么能促进部落的团结？

早期人类，认为图腾是祖先、保护者、亲人，有非凡的能力，因而崇拜它，甚至畏惧它，基于此，图腾变成了早期人类之间的精神纽带和精神寄托，有团结群体、密切血缘关系、维系社会组织和互相区别的作用。崇拜同一图腾的人会住在一起，彼此互相合作，且情同手足。

> 以后我们就是一家人,一个部落了!

> 我们要团结起来,一起变得更加繁荣强大!

婚姻通常被认为是一件涉及集体利益的事情。结婚后,双方必然会有责任,因为这是一项社会任务。原始社会用图腾崇拜和复杂的制度来控制婚姻。在今天看来,也许可笑至极。但是,在当时却是极其重要的。其实,它们的真正目的在于加强人类之间的合作。

超越小练习

你从小的经历中是否有被培养过与他人合作完成事件的经历,回忆一下,看看这些经历对你有什么影响?

过度关注自己、拒绝合作会造成哪些不良影响

当一个人缺乏对周围的兴趣时,会形成只顾自己、不顾他人这样自私自利的人生观,不仅会影响社会,更会对自己的身心健康造成重大影响。

> 这很难办到啊!

> 魔镜魔镜,这个世界上只能我最漂亮,其他人都必须变成丑陋的巫婆!

为什么会出现这种人生观呢?

自私自利的人,他们之所以会有这样的人生观,是因为他们赋予了生活一种私人意义,认为生活是为他们所独享的,归根结底是由对别人缺乏兴趣所造成的。很多心理疾病,如妄想症、抑郁症等,也都是由此而导致的。如果想要疗愈这些心理疾病,需要慢慢开放自己的内心,与外界产生连接。

> 我要把我美丽的秘诀分享出去，这样我出门看到的就都是美人了！

> 真好！这绝对是世界上最美的决定！

所有人都有"自卑情结"，都有获得优越感的需要。有些人通过"自私自利"来满足这份需要，个体心理学认为这是不可取的。因为这必然会导致与周围的人和环境的冲突，只有把这份需求与外界相连接，形成"奉献"的价值观，才是最高的境界。这样才能既满足他们的需要，环境也不会因为他们的"自私"而"针对"他们。他们也不会因环境而产生压力，进而更好地与周围世界和谐共处。

超越小练习

当你心情不好或者遇到一些自己不知道如何解决的问题时，尝试换一种想法，采取利他的行为，看看会不会有不一样的收获？

勇于担当的精神是团结合作的重要基础

很多人在团队中都期望可以从团队中获益,希望可以得到他人的照料,但是个体心理学认为,想要更好地融入团体,需要的是自己担当起属于自己的责任。

啊!要是球进了,输球了,岂不是我的责任?

你已经是我们足球队的一员了,以后守门的这份重任就交给你了!

为什么很多人在团队中会习惯采取忽视、冷漠回避的态度,不愿承担责任?

个体心理学认为,很多人之所以会逃避问题,不愿意承担自己的责任,一方面是只关注自己,另一方面是自卑情结,不相信自己的能力,缺乏合作的能力。

承担责任是一项不容易的能力。我们认为，想要更好地承担责任需要具有相应的"勇气"。而勇气的培养，一方面需要有"成功经验"，另一方面需要鼓励和支持。因此，我们如果期望一个人慢慢地具备承担责任的能力，则需要不断地给予他支持和鼓励，同时还要创造很多成功的体验，这样才能帮助他们更好地培养克服各种困难的勇气，从而具备承担责任的能力。

> **超越小练习**
>
> 试着对一个困难的挑战进行分解，从低难度开始做起，每次做完都给予自己奖励，看看自己会有什么变化？

人类的进步离不开社会推动团结合作精神

与同伴之间的合作是在学校和家庭中训练出来的。但培养一个人的团结合作精神,单靠学校和家庭是不够的,社会层面的支持和鼓励也很重要。

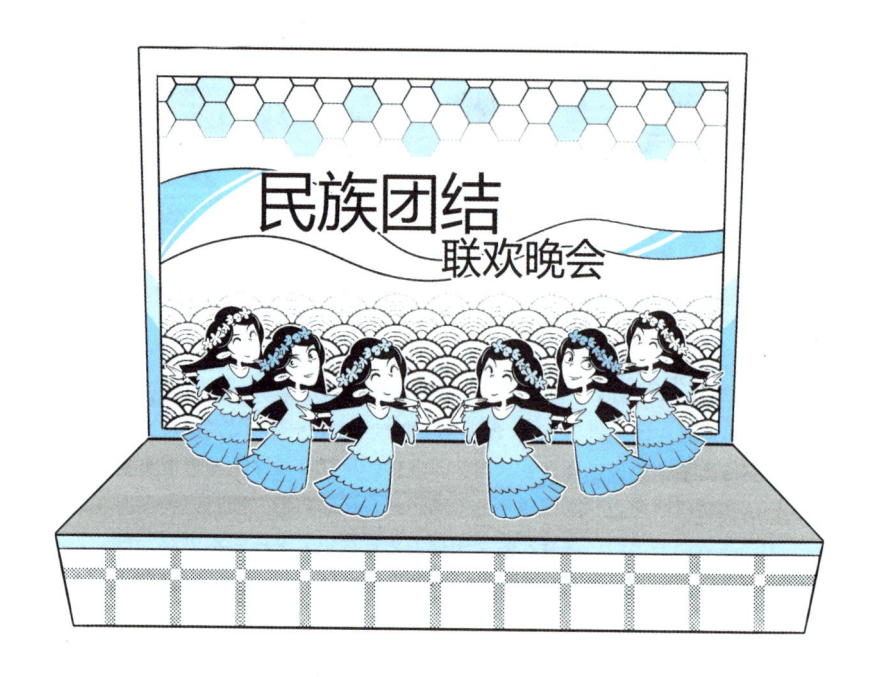

为什么需要社会层面的促进?

个体心理学认为,人类既是个体,也是群体种群,但是个体以自身力量来连接其他人的方式有很多局限,因此需要社会层面的支持和鼓励。

社会活动也是群体活动和集体合作，可能有些人喜欢，有些人则相反。如果社会活动的目标是让人进步，我们就不应该对此抱有偏见。丰富、多元化的环境可以推动更多富有创造力的思想文化的产生，更有利于不同的人群寻找到适合自己的环境和价值。

试着去参加一个团体活动，看看感受如何，并记录下来。

第十二章

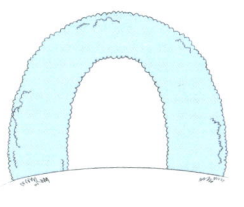

爱情与婚姻

婚姻的意义

似乎每个人都向往美好、完美的婚姻,然而你是否想过,婚姻的意义是什么?若婚姻被一堆琐事所困扰,每日争吵不休,你觉得婚姻有意义吗?

结婚?为什么要结婚呢?结婚的意义是什么呢?

亲爱的,嫁给我吧!我们结婚吧!

婚姻到底有何意义?

个体心理学认为:爱情和婚姻是对异性伴侣最无私的奉献,它通过外貌的吸引、坚定的感情和生儿育女的愿望来表达。爱情和婚姻是合作的一个方面——这样的选择不仅是为了两个人的幸福,也是为了全人类的共同利益。因此我们需要带着更高的视野来看待这些事情,带着全人类整体的观念结合自身的需求,带着对另一半无私的奉献,这样的婚姻才有更高的价值和意义。

个体心理学认为，一个懂得关爱自己的人，才会懂得别人需要什么。合作与奉献都是建立在自爱、爱人的基础上的，平等互助，这样才是婚姻长久的基石。

超越小练习

回顾一下你的恋爱经历，你是否把爱情看作是一种选择，不求对方回报，你的感受是怎样的？试着记录下来。

早期经历会形成成年后亲密关系的相处模式

一个人在童年时期，就已经对爱情和婚姻有了自己的看法……

可现在你还太小了，不能结婚哦！

等我长大了，要取××阿姨这样的当老婆，永远不会和我吵架！

我们如何正确引导孩子对爱情和婚姻的看法？

个体心理学观察，4~6岁过早接触性关系的儿童，以及性早熟的孩子，会产生对未来亲密关系的恐惧心理，因为成年人之间的身体吸引力也是儿童时期训练的结果。甚至孩子关于吸引异性，以及对他密切接触的异性的印象，这些都是身体吸引力的最初形态。如果要避免这些恐惧产生，我们主张了解这些孩子对婚姻的看法。当他们对异性产生好感时，不能把这看作一个错误、烦恼或者早熟，不应该嘲讽或笑话他。我们应该把这看成是为恋爱和结婚而做的准备，并且让其知道这是一件伟大的事情，它关乎整个人类的利益，应该对此积极准备，这样孩子未来处理婚姻问题才会更顺畅。

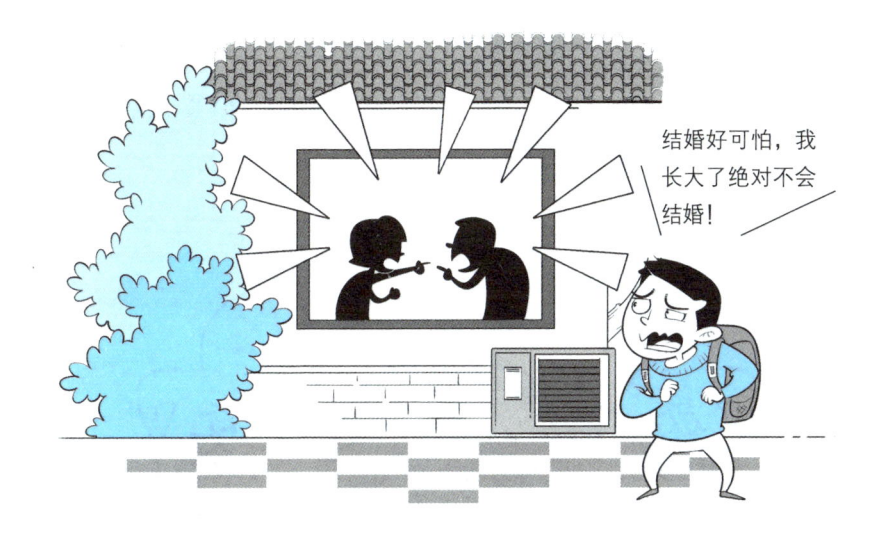

结婚好可怕，我长大了绝对不会结婚！

很多人成年后婚姻不幸福，或害怕结婚，是童年时期受到了原生家庭的影响，孩子对婚姻的最初印象是从父母的生活中感悟到的。儿童会观察父母的相处模式，如果父母关系糟糕，他们对于婚姻也会产生害怕和恐惧。所以美满的婚姻是培养后代的最佳方式。如果父母本身都不擅长如何"合作"，孩子必然也不会懂得。父母如果希望未来孩子婚姻幸福，就应该先把自己的婚姻经营好，这样才能做好榜样。

超越小练习

你是从什么时候开始产生亲密关系的念头的，当时周围人对你的态度和教育是什么样的，你觉得这对你的婚姻观有何影响？

良好的社交能力和职业发展促进婚姻和谐稳定

个体心理学所发现的三大核心问题,彼此相互影响,良好的婚姻也离不开其他两大问题的处理。

另外两大问题是如何影响婚姻的呢?

交际是一种培养社会兴趣的方法。在社交过程中,我们可以学到设身处地为别人着想。这种能力可以推动我们在建立亲密关系时更主动、更自信。在婚姻的准备阶段,另一个给我们启示的就是职业问题。今天这个问题被放在了爱情和婚姻之前:一方或者双方必须要有份工作,这样他们才能养家糊口,因此工作为婚姻的巩固提供了保障。所以三大问题互相影响,也互相促进。

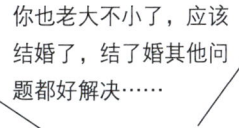

> 你也老大不小了，应该结婚了，结了婚其他问题都好解决……

> 我现在工作很不稳定，也没遇到合适的对象，这事不能急……

如果一个人长时间无法拥有稳定的婚姻，可能是另外两大问题也遇到了困难，我们不能指望结婚来解决的两大问题，即所谓"先成家，再立业"。更重要的是协助当事人找到无法建立亲密关系的原因，"对症下药"，才是真正行之有效的措施。事实上，婚姻本身不能解决任何问题。婚姻的问题也只能依靠工作、兴趣和合作才能解决。

超越小练习

你向往柏拉图的精神恋爱，还是对物质生活有更多需要，不管是什么样的想法都没关系，把这段想法记录下来，看看是什么原因让你产生的这些想法？

婚姻会成为逃避个人其他问题的避风港

很多人想逃避婚姻,也有很多人把婚姻当成其他问题的避风港,以此麻痹自己,殊不知需要自己面对和承担的问题最后还是必须自己解决。

工作没着落,先成家,再立业吧!

婚姻可以解决个人其他方面的问题吗?

很多人认为结婚可以解决一些个人问题,但因为别的因素,导致婚姻误入歧途。有些人是只为了金钱而结婚,也有的是因为同情,或许还有人是因为想要找个人伺候自己……事实上这些问题并不会因结婚而解决,反而会让婚姻变得更加糟糕,最后彼此都尝到婚姻失败的恶果。因此,个体心理学非常不提倡以婚姻来疗愈个人问题。

> 老婆,我这个月工作很忙,就不回家了。

> 加班加班 业绩业绩

> 加班加班 业绩业绩

> 唉,每次回家都有做不完的家务和听不完的唠叨。

婚姻中的很多问题,有时并非由婚姻本身造成的。逃避责任,无法与爱人产生更亲密的感觉,不知如何与伴侣进行有效沟通……这些其实都是婚姻之外的问题,只不过借着婚姻呈现出来了。很多人认为这些问题会随着时间等因素自然而然地解决,但实际上并没有办法解决掉,反而婚姻会因为一些鲁莽的决策变得更加岌岌可危,甚至会导致其他悲剧产生。因此,我们不能把婚姻当成其他问题的避风港,我们需要更纯粹地去与另外一个人成为伴侣,用真正的爱与对方结合,这样才能享受到婚姻的美好。

超越小练习

思考一下,如果你准备结婚或者你已经结婚了,你是否有做好相应的准备,是否做好了为对方牺牲奉献的准备,如果没有,是什么原因让你愿意走进婚姻的殿堂?